LA FERTILITÉ

SES PRINCIPAUX ÉLÉMENTS

PAR

ALFRED DUDOUY

Membre de la Société d'Agriculture, Sciences et Arts de Meaux,
Membre honoraire de la Société de Secours mutuels
des Jardiniers-Horticulteurs du département
de la Seine,
Auteur du *Guide pratique du cultivateur pour le choix
et l'emploi des matières fertilisantes.*

PARIS

C. BLÉRIOT, LIBRAIRE-ÉDITEUR
55, QUAI DES AUGUSTINS.

1868

LA
FERTILITÉ

SES PRINCIPAUX ÉLÉMENTS

PAR

ALFRED DUDOUY

Membre de la Société d'Agriculture, Sciences et Arts de Meaux,
Membre honoraire de la Société de Secours mutuels
des Jardiniers-Horticulteurs du département
de la Seine,
Auteur du *Guide pratique du cultivateur pour le choix
et l'emploi des matières fertilisantes.*

PARIS

C. BLÉRIOT, LIBRAIRE-ÉDITEUR

55, QUAI DES AUGUSTINS.

1868

Paris. — Typ. PILLET fils aîné, 5, rue des Grands-Augustins

I

LE SULFATE D'AMMONIAQUE

Des quatre substances dites *organiques* (1) qui concourent, avec les matières *minérales*, à la formation des végétaux, l'azote est la seule qu'il soit nécessaire de leur fournir par les engrais.

Le carbone existe en quantités illimitées dans l'atmosphère. L'oxygène et l'hydrogène, qui proviennent de l'eau, ne manqueront jamais aux cultures; mais il n'en est pas de même de l'azote, qui n'existe qu'en proportion insuffisante dans le sol.

L'air renferme bien des provisions d'azote considérables ; mais les plantes, à l'exception des légumineuses, puisent la majeure partie

____

(1) C'est-à-dire provenant des êtres organisés, animaux ou végétaux : carbone, oxygène, hydrogène, azote.

de leur azote par les racines : c'est donc au sol qu'il faut restituer cet agent de fertilité.

La nature de la plante à cultiver indique approximativement la dose de la ration à confier au sol. Exemple :

Quantités d'azote enlevées par les récoltes.

		K. G.
1 hectolitre de froment enlève, par le grain et la paille correspondante, environ		2.00
—	d'avoine	1.50
—	d'orge	1.40
—	de seigle	1.40
—	de sarrasin	1.60
—,	de colza	2.60
—	de pommes de terre, par le tubercule et la fane	0.56
—	de maïs	1.46
100 kilogr. de chanvre enlèvent, par la graine et la tige		2.75
—	de lin	0.90
—	de racines de betteraves	0.21
—	de fanes de betteraves	0.85
—	de racines de carottes	0.30
—	de feuilles de carottes	0.85
—	de tabac, feuilles et tiges en vert	3.00
—	de foin	1.15

D'après ces chiffres, il est facile de déterminer approximativement la dose à mettre par hectare à la disposition de la plante, pour obtenir un maximum de rendement.

Les effets de l'azote sont connus : le guano du Pérou lui doit sa puissance et sa vogue, et les engrais qui en contiennent plus ou moins sont les plus recherchés, parce que, dans la plupart des cas, ils sont les plus énergiques et ont une action immédiate sur la végétation.

L'azote existe dans le fumier de ferme, *bien fait*, dans la proportion de 4 pour 1,000 kilogrammes. C'est peu, eu égard au volume et au poids de la masse ; seulement c'est de l'azote tout *arrivé* et qui ne coûte que le transport de la ferme aux champs. Mais le fumier d'étable n'est pas un réservoir d'azote suffisant pour les besoins du domaine ; il ne représente pas tout l'azote exporté par les produits vendus, et d'ailleurs il le fournit aux plantes dans des combinaisons qui modèrent son assimilation. A quantité égale, l'azote du guano du Pérou ou celui des sels ammoniacaux produiront un effet double de celui du fumier d'étable.

On est donc forcé de demander un appoint aux engrais de commerce formés de matières animales, tels que le sang desséché et les tourteaux de viande ; de matières végétales comme les tourteaux de graines oléagineuses, ou de matières végétales et animales réunies. Mais ces composés ont l'inconvénient du volume et du poids : ce qui ne laisse pas que de les rendre coûteux en y ajoutant le transport et l'épandage. Ils exposent aussi l'acheteur aux pertes résultant de la falsification et de la volatilisation de l'azote pendant la fermentation en magasin.

La fabrication des sels ammoniacaux étant aujourd'hui en pleine voie de production et d'extension, nous ne voyons pas pourquoi l'agriculture s'en tiendrait à l'emploi d'engrais de commerce, lourds, volumineux et d'une teneur douteuse ou variable, quand elle peut trouver l'azote, à son état le plus assimilable et sous un très-petit volume, dans le sulfate d'ammoniaque ?

Les cultivateurs sont maintenant assez éclairés par la science ou par ces idées courantes qui en sont l'écho, pour appliquer eux-mêmes les sels ammoniacaux soit en mélange avec leurs fumiers et composts, soit mêlés directement au sol.

Le sulfate d'ammoniaque est déjà employé avec succès par nos meilleurs agriculteurs, entre autres MM. Schattenmann, Decrombecque, Chertemps, Cavallier, Lavaux, Decauville, Michaud, Kuhlmann, cités pour la plupart par M. H. Le Corbeiller, fermier à Cungy, dans sa remarquable étude sur le sulfate d'ammoniaque publiée dans le *Journal d'agriculture pratique* du 25 juillet 1867.

M. Michaud, de Bonnières, a constaté leur efficacité dans la culture de la betterave et du blé.

M. Chertemps, de Rouvray, s'en est servi dans les mêmes conditions que du guano, et pour une égale somme d'argent il a obtenu un même résultat sur ses racines.

M. Decauville attribue même une plus grande richesse saccharine aux betteraves provenant de fumiers additionnés de sulfate d'ammoniaque.

M. le baron Rivet a obtenu également, dans son domaine du Teinchurier, près Brives, d'excellents effets sur froment et qui sont tels que, malgré les brouillards de la fin de juin qui ont enlevé près de la moitié de la récolte de grain, M. Rivet n'hésite pas à fournir le sulfate d'ammoniaque à la sole entière de cette année.

M. Georges Ville a fait des constatations tout aussi concluantes dans ses expériences de Vincennes, et dans les expériences pratiquées sur une plus vaste échelle par les cultivateurs qui ont si heureusement appliqué ses conseils.

On tire le sulfate d'ammoniaque des eaux-vannes qui surnargent les matières de vidanges et des déchets liquides des usines à gaz. La Compagnie parisienne du gaz ne demande pas mieux que de livrer à notre sol tout ·ou partie des quantités très-importantes de sulfate d'ammoniaque qu'elle tire de ses déchets liquides, et que jusqu'à ce jour elle a vendues par blocs à l'industrie de France et d'Angleterre.

Le sulfate d'ammoniaque , qui dose de 20 à 21, 33 pour 100 d'azote, se vend actuellement de 35 à 40 fr. les 100 kilogr.

La proportion d'azote, par la nature même de la combinaison chimique cristallisée sous laquelle on le trouve dans le sulfate d'ammoniaque, ne peut varier. Dans ces sels, essentiellement purs, le prix de l'azote n'excède pas sa valeur marchande de 2 fr. le kilogramme. Le dosage ne varie pas ; le cultivateur est donc sûr de ce qu'il achète et de ce qu'il emploie. — C'est à considérer.

L'azote de ces sulfates, qu'il soit tiré des eaux - vannes ou des distilleries de noir animal, ou des eaux ammoniacales de l'usine à gaz, n'est plus qu'une résultante chimique de la même valeur, de la même *assimilabilité* et du même effet, la combinaison fournissant un sel ammoniacal identique à lui-même.

La pureté du suifate d'ammoniaque est facile à constater. Sa solubilité complète dans l'eau prouve l'absence de matières étrangères.

En soumettant ce sel à une température élevée, tout s'évapore. Il suffit d'en faire l'expérience dans une cuiller de fer. Si l'on avait mélangé des sels minéraux solubles, dans un but de fraude, ces matières étrangères laisseraient un résidu solide.

L'expérience a sa valeur, et nous la conseillons à tous ceux qui voudront s'assurer de la pureté du sulfate d'ammoniaque.

L'industrie spéciale aux sels ammoniacaux de la Compagnie parisienne du gaz mérite d'autant plus nos encouragements qu'elle n'épuise aucune des sources actuelles de l'azote. C'est un affluent qu'elle fournit à ces sources mêmes, et qu'elle tire des végétaux antédiluviens dont la houille nous offre les concrétions. Les phosphates fossiles nous rendent l'acide phosphorique, et le charbon de terre, l'azote des temps passés.

Si l'agriculture s'adonne sérieusement à l'emploi de ces sulfates, les usines à gaz de toutes nos villes pourront utiliser, dans un temps donné, leurs eaux ammoniacales. Nous avons en France plus de 26 millions d'hectares cultivés qui manquent de l'azote nécessaire à leur productivité. La fabrication du sulfate d'ammoniaque ne manquera donc jamais de débouchés.

Ce complément de fumure convient à toutes les plantes, même aux prairies artificielles, qui, si elles prennent une partie de leur azote à l'air, par leur grande surface foliacée, absorbent *a fortiori* l'azote du sulfate d'ammoniaque répandu en couverture, soit à l'état pulvérulent, soit surtout en arrosage.

Epandage. — Le sulfate d'ammoniaque est employé soit à l'état pulvérulent, semé à la volée, ou à l'état de dissolution dans l'eau d'arrosage. Le mode de l'arrosage est moins pratique. On ne peut en user que sur les terres nues ou sur les prairies naturelles et artificielles, et les appareils qu'il exige, tonnes, pompes, tuyaux, écopes, sont toujours un embarras. L'épandage à l'état pulvérulent est au contraire praticable en tout temps, sur toutes espèces de terres ou de récoltes. Quand on le sème à la main, il est bon de le mélanger avec 3ı4 ou 4ı5 de terre sèche et fine ou de cendres, ou avec toute autre matière pulvérulente fertilisante, telle que poudrette, noir animal ou phosphates fossiles en poudre. On peut le mélanger aussi avec le fumier et les composts, pourvu que ces composts ne contiennent pas de chaux. Quand on le répand à l'aide d'un semoir, ce mélange est inutile, puisqu'il n'a pour but qu'un épandage plus régulier que le semoir accomplit facilement avec le sel pur. Les meilleurs semoirs distributeurs d'engrais pulvérulents connus sont ceux de MM. Villard, Smith, Boulanger et Dumesnil.

On peut également répandre le sulfate d'ammoniaque en couverture sur prairies, sur blés en pousse et même sur betteraves. Nous avons constaté les bons effets de cette fumure superficielle qui vient corroborer l'opinion, cependant bien contestée, de M. G. Ville, que tous les végétaux peuvent puiser une partie de leur azote dans l'atmosphère.

Quantités par hectare. — Le sulfate d'ammoniaque peut être employé à toute dose raisonnable, variant de 100 à 400 kilog. à l'hectare. On comprend que la quantité est aussi variable que l'état de fumure du sol et la nature de la récolte à obtenir. Dans un sol très-pauvre, la dose de 400 kilog. à l'hectare amènerait le plus souvent la verse des céréales, et ferait de la paille au détriment du grain. Dans une terre riche, bien fournie en substances minérales, acide phosphorique, potasse, magnésie et chaux, l'excès ne serait que profitable, et nous n'hésiterions pas à prédire 35 et 40 hectolitres de froment à l'hectare.

Quand on l'emploie à haute dose, il serait préférable de diviser la ration, et d'en servir au sol moitié à l'automne sur le labour et moitié au printemps en couverture.

Notons en passant que le *sulfate* d'ammoniaque est un sel fixe, dont l'azote ne se volatilise pas, au détriment du sol et de la plante, comme cela n'arrive que trop souvent avec le guano du Pérou et toute matière contenant l'azote à l'état de carbonate d'ammonique.

Le sulfate d'ammoniaque s'expédie en barils ou en sacs. Le baril est préférable, l'humidité de l'air pouvant pénétrer le sac et dissoudre une partie du sel.

Que les agriculteurs y songent bien ; l'industrie des engrais chimiques est leur plus utile et leur plus loyal auxiliaire, et c'est à elle seule peut-être que, dans quelques années, ils seront obligés de demander la matière azotée à haute dose.

II

LES PHOSPHATES DE CHAUX FOSSILES

Le *phosphore*, la *potasse*, la *chaux* et quelque
fois aussi la *magnésie* sont, parmi les matières
minérales qui entrent dans la composition des
végétaux (1), celles qu'on y retrouve en plus
forte proportion.

C'est à l'état combiné de phosphate de chaux
que le phosphore se livre aux besoins alimen-
taires des plantes. Le phosphate de chaux des
os, phosphate *tribasique*, contient 100 d'acide
phosphorique pour 216,70 de phosphate de
chaux. Il est insoluble dans l'eau pure, mais
l'acide carbonique et l'eau du sol, qui contient
des sels alcalins ou ammoniacaux, le dissol-
vent facilement.

---

(1) Les autres matières *minérales* ou *inorgani-
ques* qui concourent à la formation des végétaux
sont : la *soude*, la *silice*, l'*alumine*, le *soufre*, le
chlore, le *fer* et le *manganése*.

Le phosphate de chaux fossile est *tribasi-que*. Les gisements de ce minéral, découverts par M. de Molon, constituent une source iné-puisable d'acide phosphorique, à laquelle les générations futures demanderont encore après nous l'entretien de la fertilité du sol produc-teur.

La molécule phosphorique, puisée dans le sol à l'état aqueux par les spongioles des radi-celles des plantes, produit les corps phosphorés trouvés dans les grains des céréales, et fournit à la séve le principe stimulant sans lequel la vie végétale s'engourdit. De la plante, elle passe dans le corps des animaux et des hommes, et constitue leurs os, leurs nerfs et leur cerveau.

Le phosphore, que les plantes prennent au sol, lui est donc enlevé en grande partie pour toujours, car ce que les animaux se sont appro-prié se perd dans le double courant de la con-sommation alimentaire et de l'utilisation indus-trielle des os, des cuirs et autres matières ani-males; et le corps humain emporte sans retour ce qu'il a pris.

D'après les constatations de M. Jobert de Lamballe, un squelette humain contient 3 ki-logrammes 280 grammes de phosphate de chaux ; M. Bobierre nous apprend aussi que l'homme consomme en acide phospho-rique.......................... kil. 30 33
Il rend par ses déjections..... 0 82⟩ 4 70
Et par ses urines.......... 3 88⟩

D'où une perte de.......... 25 63

Si l'on calculait ce que les hommes ont em-porté dans le sol inviolable des cimetières, et ce qu'ils ont jeté pendant leur vie dans les fleuves et l'océan, le chiffre du déficit serait énorme.

On comprend donc quelle est l'importance de la restitution à nos terres des quantités de phosphore incessamment enlevées par les récoltes, dans les proportions moyennes suivantes, ramenées à l'état d'acide phosphorique.

Quantités d'acide phosphorique enlevées par les récoltes.

1 hectol. de froment prend au sol, par le grain et la paille correspondante.....	1k.	50
— d'avoine...........................	0	31
— d'orge............................	0	90
— de seigle.........................	0	88
— de sarrasin.......................	0	70
— de colza..........................	0	96
— de pommes de terre................	0	84
— de maïs...........................	0	65
100 kilogr. de choux prennent par la plante entière	0	36
— de chanvre.......................	0	69
— de lin...........................	0	07
— de betteraves....................	0	25
— de carottes......................	0	19
— de luzerne.......................	0	15
— de haricots......................	1	10
— de pois..........................	1	17
— de navets........................	0	16
— de foin..........................	0	42

La nécessité de la restitution est d'autant plus impérieuse que la terre végétale cultivée ne renferme naturellement qu'une quantité très-limitée d'acide phosphorique, et que, dans beaucoup de contrées, la culture longtemps continuée a fini par épuiser complétement le sol de l'acide phosphorique dont il était dépositaire.

Il y a des terrains même, notamment ceux

dits primitifs et de transition, qui n'ont pas profité, comme les terrains sédimentaires, de la désagrégation lente des roches phosphatées, et qui sont en tous points privés de l'élément phosphorique. Les landes de la Bretagne n'en contiennent pas trace, et la quantité découverte par M. G. Ville, dans les Landes de la Gironde, à l'aide de son ingénieuse méthode d'analyse du sol par les engrais, est très-minime.

On comprend, dès lors, les effets prodigieux obtenus avec le phosphate de chaux dans la mise en valeur des terres de la Vendée, de la Bretagne et de la Sologne.

L'emploi du phosphate de chaux constitue, dans ces conditions, un véritable amendement, puisqu'il a fourni au sol le complément qui lui manquait pour produire. L'emploi du fumier de ferme, qui ne contient que 2 pour 1,000 d'acide phosphorique, est sans effet sur les terres vierges; ce n'est qu'après deux ou trois années d'amendement avec le phosphate de chaux appliqué à haute dose que la fumure ordinaire produit ses effets.

Ainsi, d'une part, apport préalable, à haute dose, de l'acide phosphorique aux terrains qui en sont naturellement dépourvus ; et d'autre part, restitution périodique de cette substance, mais en quantité moindre, aux sols cultivés qui s'appauvrissent à chaque récolte, telles sont les prescriptions de la loi qui régit la vie des végétaux, et à laquelle la découverte des phosphates fossiles nous permet d'obéir maintenant avec toutes facilités.

Les phosphates fossiles ont, sur les noirs de raffinerie et de fabrication de gélatine (*noir animal*), l'avantage de ne pouvoir pas être frelatés aussi facilement : c'est beaucoup. Leur prix n'est pas trop élevé : 5 à 6 fr. les 100 kilogrammes, suivant qu'ils sont livrés en sacs ou en vrac. Expédiés par wagon complet de 5,000 kilogrammes au minimum, ils voyagent au tarif spécial des engrais. Leur richesse varie de 40 à 50 p. 100 de phosphate de chaux.

En somme, le phosphate de chaux qu'ils contiennent coûte beaucoup moins cher que celui fourni par le noir animal, puisque ce résidu, qui se vend en moyenne 15 fr. 50 les 100 kilogr. sur les places de Nantes, le Havre, Dunkerque ou Marseille, ne dose que 54 kilogr. de phosphate de chaux ; tandis que le phosphate fossile, qui coûte tout au plus 6 fr. les 100 kilog., en contient en moyenne 45 kilog.

Dans le noir animal, le phosphate de chaux coûte 28 fr. 70 c. les 100 kilog., tandis que, dans le phosphate fossile, il ne revient qu'à 13 fr. 33 c.; ce qui fait une économie de moitié sur le phosphate du noir animal.

Le superphosphate de chaux. — Pour rendre le phosphate de chaux plus assimilable (1), on l'arrose avec son poids d'acide sulfurique, ou même moitié de ce poids, étendu de son volume d'eau. On fait ainsi du superphosphate de chaux, engrais très-répandu en Angleterre, et qui convient surtout quand on l'emploie dans les terres déjà cultivées et fu-

---

(1) Surtout lorsqu'on a besoin de le faire opérer rapidement, par exemple lorsqu'on le sème dans une terre déjà emblavée.

mées. On peut employer à cet effet des acides bruns, ayant servi aux affineurs ou aux fabricants d'aniline et des couleurs qui en dérivent. Ces acides coûtent bon marché, et les derniers que nous indiquons contiennent un mélange d'acide sulfurique et d'acide nitrique qui les rend excellents pour l'engrais.

Le superphosphate de chaux ne convient, dit-on, qu'aux terrains calcaires ou pourvus de carbonate de chaux. Dans tous les autres, l'emploi du phosphate fossile en poudre serait plus profitable.

M. G. Ville fait entrer de préférence dans la composition des engrais chimiques, dont il conseille l'emploi, le phosphate acide de chaux ou superphosphate ; mais il y joint aussi la chaux dans une proportion méthodique, et il assure ainsi, ce nous semble, les effets du superphosphate.

Epandages. — Les phosphates fossiles doivent être employés à l'état de poudre fine ; c'est dans cet état, du reste, qu'ils sont livrés à l'agriculture. Il est bon de laisser cette poudre exposée à l'air pendant quelques semaines avant l'épandage, afin d'appeler à elle l'acide carbonique de l'air qui aidera à l'assimilation de la substance phosphorique.

L'épandage se fait à la main ; on peut aussi se servir d'un bon semoir, tel que celui de M. Villard, de Dijon, et ceux de MM. Smith, Garret et Sons, Boulanger et Dumesnil. Quand on mélange la poudre de phosphate fossile avec les fumiers, il faut étendre sur le sol une première couche de fumier d'une épaisseur de 0^m20 à 0^m25, et répandre également sur toute la surface le phosphate en poudre dans la proportion de 12 à 15 kilogrammes par 1,000 kilogrammes de fumier environ. On continue ainsi à mettre une couche de fumier et une couche de phosphate, et, le tas achevé, on le recouvre avec de la terre.

Le phosphate fossile doit être enterré par un labour ou par un hersage.

Quantités par hectare. — Sur les défrichements, il en faut mettre de 5 à 600 kilog.; sur les terres déjà mises en valeur, la proportion doit être moindre : 150 à 200 kilog. suffisent en moyenne. Dans les formules de M. G. Ville, la quantité d'acide phosphorique indiquée dans l'engrais complet pour 1 hectare est de 60 kilog., quantité fournie et au delà par 150 kilog. de phosphate de chaux, moins rapidement soluble, il est vrai, que le superphosphate.

Il vaut mieux, dans le doute, mettre plus que moins ; et d'ailleurs, le dosage doit varier selon la nature de la plante à cultiver, et aussi selon la nature et le *quantum* de la récolte précédente.

Le tableau que nous avons donné plus haut peut servir de base aux évaluations du cultivateur. Toutefois, les entraînements causés par les pluies et le tamisage de l'engrais dans le sol à une trop grande profondeur, et bien d'autres causes physiques, rendent nécessairement improductive une partie du phosphate en poudre : on fera toujours bien d'employer un tiers en plus de la quantité d'acide phosphorique que ce tableau indique comme enlevée ou pouvant être enlevée par la récolte chiffrée au rendement maximum. Ainsi 35 hectolitres de froment enlevant 52 kilog. 50 d'acide phosphorique, il faudrait fournir au sol au moins 70 kilog. de ce minéral à l'hectare.

10 kil. d'ac. phosphor. équiv. à 21k. 78 phosph. de chaux.
20 —   —   —   43 65   —   —
30 —   —   —   65 50   —   —

Ces indications suffisent pour diriger le cultivateur dans ses calculs.

III

LES SELS DE POTASSE.

Les végétaux contiennent de la potasse en proportions variables d'une espèce à l'autre. Plus les points de contact de leurs parties molles avec l'atmosphère sont multipliés, plus la proportion de potasse est élevée. En un mot, la quantité de matières minérales, potasse, phosphore, chaux, magnésie, etc., est d'autant plus considérable que la plante évapore davantage.

Les arbres qui ont des organes complétement abrités ne contiennent guère que 1 p. 100 en moyenne de matières minérales, tandis que les herbes, qui sont en rapport avec l'atmosphère par toutes leurs parties, en renferment 7 à 8 p. 100.

« *Dans un même arbre on retrouve l'appli-*
« *cation rigoureuse de cette loi. Le cœur con-*
« *tient moins de minéraux que l'aubier, l'au-*
« *bier moins que l'écorce, l'écorce moins que*
« *les feuilles. Dans les feuilles des arbres*

« *verts, il y en a moins que dans celles qui*
« *tombent à l'automne. Dans un fruit de légu-*
« *mineuse, la gousse en est plus riche que la*
« *graine, et dans la graine, l'enveloppe en*
« *contient plus que l'amande.*

« *La répartition des minéraux au sein du*
« *végétal obéit donc à une loi invariable;*
« *elle est en rapport direct avec l'évapora-*
« *tion* (1).

Mais si la proportion de potasse varie d'une
espèce à l'autre, elle est constante pour une
espèce donnée, qui exige pour son développe-
ment *normal* et son rendement *maximum* une
quotité déterminée de cet alcali. Si cette quotité n'est pas fournie naturellement par le sol ou
artificiellement par l'engrais, la plante se dé-
veloppe moins et rend moins ; souvent même
elle devient malade. Ainsi, dans les cendres
d'un trèfle de bonne qualité, M. Grouven a
trouvé 32,50 pour 100 de potasse, tandis que
les cendres d'un trèfle malade, végétant dans
un sol épuisé, ne lui en ont donné que 3,32
pour 100, soit la dixième partie.

Les cendres de betteraves
  de bonne qualité ont donné 30.50 p. 100 de potasse.
— un peu gâtées............ 26.78   —
— malades et pourries....... 19.00   —   (2)

La plupart des sols sont relativement pau-

---

(1) Nous empruntons ces détails instructifs aux
savantes études de M. G. Ville. Voir le résumé de
ses conférences agricoles recueilli par M H. Jou-
lie. — Etienne Giraud, éditeur à Paris.

(2) Article de M. Fuchs, ingénieur des mines,
dans le *Journal de l'agriculture* du 5 octobre 1867.

vres en potasse, et d'ailleurs l'enlèvement successif de cette substance par les récoltes ne tarde pas à dépouiller les terrains les mieux dotés par la nature en éléments alcalins.

Quantités de potasse enlevées par les récoltes.

	K.G.
1 hectolitre de froment prend au sol par le grain et la paille correspondante	1.82
1 hectolitre d'avoine	1.33
— d'orge	0.82
— de seigle	1.45
— de sarrasin	0.48
— de colza	0.44
— de pommes de terre	0.70
— de maïs	0.70
100 kilogrammes de choux prennent par la plante entière	0.25
100 kilogrammes de chanvre	0.70
— de lin	0.25
— de betteraves	0.40
— de carottes	0.22
— de luzerne (en vert)	1.10
— de trèfle (en vert)	1.12
— de haricots	1.46
— de pois	1.02
— de navets	0.46
— de foin	1.02
— de tabac	3.10
— de houblon	2.56
— de plants de vigne	1.70

Si nous mettons en regard de cette soustraction de potasse les quantités importées par le fumier de ferme, qui contient environ 3 k. 48 de potasse pour 1,000 k., il sera facile de se rendre compte du déficit imposé au sol, par hectare.

1re Année. — 35,000 kilogrammes de
    betteraves ont soustrait à l'hec-
    tare............................... 140.00 de potasse.
2e Année. — 25 hectolitres de fro-
    ment............................. 45.50   —
3e Année. — 35,000 kilogrammes de
    betteraves........................ 140.00   —
4e Année. — 35 hectolitres d'avoine. 46.50   —

    Quantité totale de potasse enlevée
    en quatre ans............... 372.00   —

D'autre part :

1re Année.— 30,000 kil. de
    fumier pour betteraves
    ont fourni à l'hectare,
    en potasse........... 104.40
3e Année. — La même fu-
    mure, encore pour bet-
    teraves.............. 104.40

    Total........... 208.80

    Supposons encore l'emploi
de 300 kil. de guano du Pé-
rou, la 2e année, pour blé
sur betteraves; cet engrais
dosant 6,14 p. 1,000 de po-
tasse, soit en tout........ 1.80   210.60   —

    Le déficit en potasse sera donc, au
bout de quatre années, de........... 161.40   —

et ce déficit sera plus que doublé dans les années suivantes si l'on fait trèfle ou luzerne
pour compléter la rotation. (1)

De tous les engrais de commerce usités, le

(1) Voir ci-dessus les quantités de potasse enlevées par le trèfle et la luzerne.

guano du Pérou est encore celui qui contient le plus de potasse, soit 6 kil. 142 gr. pour 1,000 kil. d'après l'analyse du baron de Liébig ; qu'on juge, par ces chiffres, de la pénurie des autres engrais, et n'est-il pas temps de demander aux produits chimiques cet alcali que le sol a perdu et que les matières fertilisantes en usage ne peuvent lui restituer en proportions suffisantes ?

« *Si les agriculteurs du Nord veulent re-* « *trouver la betterave à sucre,* a dit quelque « part M. G. Ville, *il faut qu'ils rendent de* « *la potasse à leurs terres.* » .

Malheureusement ces agriculteurs qui ont presque tous des sucreries ou des distilleries font tout le contraire, puisqu'ils extraient des vinasses de leurs distilleries et des mélasses qui restent après la cristallisation du sucre, la potasse fournie par la betterave et la vendent à l'industrie. L'un d'eux, que je ne nommerai pas — un grand agriculteur cependant — nous a chargé tout dernièrement encore de lui vendre 100,000 kilogr. de potasse brute à prix suffisamment rémunérateur. A notre tour, nous pourrions lui offrir les sels potassiques de Stassfurt, à prix moindre.

L'apparition sur les marchés français de ces sels alcalins, tirés des couches supérieures des mines de sel gemme, en Prusse, n'eût-elle pour résultat que de faire retourner la potasse de la betterave au sol qui l'a fournie, serait encore un heureux événement.

Les sels de potasse ne sont pas tous utilisables en agriculture. Le *chlorure de potassium,* qu'il soit tiré des eaux-mères des marais salants ou des usines de Stassfurt, est sans effet sur la végétation.

Mais on peut employer : le *sulfate de potasse*, le *carbonate de potasse*, le *nitrate de potasse*, et la *potasse épurée*.

Le sulfate de potasse, le plus riche et le moins cher que nous connaissions, est celui provenant des usines de Stassfurt, créées et exploitées par MM. Vorster et Grüneberg. Il y en a de deux espèces : 1° le *sulfate double* de potasse et de magnésie, dosant 16 à 18 p. 100 de potasse et 20 p. 100 de sulfate de magnésie, prix aux usines : 6 fr. les 100 kilog.; 2° le sulfate de potasse à 80 p. 100, dosant 44 p. 100 de potasse ; prix aux usines, 30 fr. les 100 kilogrammes.

Le carbonate de potasse, importé ou fabriqué en France, est beaucoup plus cher; son cours actuel est de 60 fr. les 100 kilog.

Le *nitrate de potasse* qui contient à la fois 50 p. 100 de potasse et 14 p. 100 d'azote, tous deux éminemment assimilables, coûte actuellement, pris chez MM. Huvelle et Couvreur, 62 f. les 100 kil. La *potasse épurée*, fournie également par ces honorables manufacturiers qui ont pris en main la préparation des engrais chimiques, vaut 85 fr. les 100 kil.

Il existe aussi dans le commerce des produits chimiques, des potasses brutes contenant environ :

20 à 25 p. 100 de carbonate de potasse ;
20 à 25 p. 100 de carbonate de soude ;
20 à 25 p. 100 de chlorure de potassium,

au prix de 16 à 18 fr. les 100 kilog.; mais à

notre avis, ces produits ont l'inconvénient d'allier au carbonate de potasse, de la soude et des chlorures, parfaitement inutiles pour les plantes, et dé grever la substance productive de frais d'emballage, transport et manutention qui en somme portent sur une quote part considérable de matières sans valeur agricole. Toutes les fois que l'on peut se procurer la matière fertilisante pure, ou à peu près, on réalisera, en l'achetant même à haut prix, une économie importante.

Epandage; quantités à l'hectare.—Les sels de potasse sont livrés généralement en poudre; quand on les achète en cristaux plus ou moins gros, il faut les écraser, soit à la meule, soit au pilon.

On doit les employer en mélange avec le sulfate d'ammoniaque, les phosphates fossiles en poudre ou le superphosphate de chaux, et le sulfate de chaux pour faire un engrais complet dans la proportion de 200 kilog. pour 1 hectare quand on emploie la potasse raffinée, et de 2 à 400 kilog. quand on emploie le carbonate ou le sulfate de potasse. 100 à 150 kilog. de nitrate de potasse suffisent pour un hectare.

En somme, pour constituer l'engrais complet dans sa teneur rationnelle, il faut que la dose de potasse soit, d'après M. G. Ville, de 84 kilos à l'hectare.

On peut aussi mélanger les sels de potasse avec les fumiers de ferme ou avec une matière d'espèce unique, telle que le phosphate fossile en poudre ou même la poudrette, et dans la proportion jugée nécessaire, selon la nature du sol et son état de fertilité, en prenant pour base les calculs précédents et en ayant soin de forcer la dose de potasse, comme pour l'acide phosphorique, d'un tiers au moins en sus des quotités exigées pour le rendement maximum de chaque plante.

Les sels de potasse sont ordinairement employés ou mélangés à l'état pulvérulent. Notons toutefois que leur emploi en dissolution assure encore plus leurs bons effets.

M. Pluchet, l'éminent agriculteur de Trappes, a bien voulu nous apprendre par quel mode d'emploi il a réussi à faire de belles et bonnes betteraves bien saines, avec les sels de potasse fournis additionnellement à la fumure de son terrain. M. Pluchet fait dissoudre préalablement le sel de potasse, par l'immersion momentanée de paniers chargés de ce sel, dans des barils remplis d'eau. Le panier est ensuite suspendu sur le baril à l'aide d'un morceau de bois passé dans l'anse, et le sel achève de se fondre et de-former avec l'eau du baril une dissolution que l'on mélange avec de la terre fine. Une fois asséchée cette terre est épandue comme tout engrais pulvérulent ; on peut aussi la mélanger avec le fumier. Ce mode d'emploi a complétement réussi à Trappes, tandis que l'épandage du sel de potasse à l'état naturel n'avait donné deux années de suite que de très-minces résultats.

IV

LA CHAUX ET LE PLATRE.

La chaux n'est pas seulement un amendement indispensable à toute terre exclusivement argileuse ou siliceuse, ainsi qu'aux défrichements dépourvus de calcaire et aux surfaces tourbeuses; c'est aussi un élément constitutif des végétaux, que l'on retrouve dans toutes les plantes en proportions notables, principalement dans les tiges et les feuilles.

Quantités de chaux enlevées par les récoltes.

	K.G.
1 hectolitre de froment prend au sol par le grain et la paille correspondante	0.64
1 hectolitre d'avoine	0.42
— d'orge	0.41
— de seigle	0.44
— de sarrazin	0.43
— de colza	1.04
— de pommes de terre	0.19
— de maïs	1.25
100 kilogrammes de choux prennent, par la plante entière	0.44

100 kilogrammes	de chanvre	1.63
—	de lin	0.56
—	de betteraves	0.07
—	de luzerne, en vert	0.93
—	de trèfle, en vert	1.50
—	de haricots	0.58
—	de pois	1.85
—	de navets	0.09
—	de foin	1.14
—	de tabac	4.81
—	de houblon	1.66
—	de plant de vigne	1.32
—	de vin et marc	0.14

Pour l'amendement des terres la chaux s'emploie à haute dose, soit sous forme de marne, de sables coquilliers, de faluns, de tangue, soit à l'état calciné ou de chaux proprement dite. On l'applique aussi à l'état de sulfate de chaux, ou plâtre, mais dans ce cas c'est moins à cause, de la nature du sol qu'en vue de la plante cultivée, que le plâtre est employé. Tout le monde sait les excellents effets du plâtre sur les luzernes, les trèfles et les sainfoins.

Dans un sol suffisamment pourvu de l'élément calcaire soit par la nature, soit par des chaulages répétés, il ne faut plus appliquer la chaux à haute dose. Son rôle utile n'est plus que de fournir aux plantes la proportion de chaux que chaque espèce réclame, ainsi que l'indique notre tableau. Seulement il faut, pour le moins, *décupler* les quantités indiquées dans ce tableau.

Ainsi 25 hectolitres de froment représentant, avec la paille correspondante, un poids total de 16 kilogrammes de chaux, c'est 160 kilogr. ou mieux 200 kilogr. qu'il faut donner à l'hectare. La raison en est que la chaux qui arrive en foisonnant à un état d'extrême division, se tamise très-rapidement à travers le sol et disparaît en partie dans les couches inférieures, sans profit pour les plantes.

Le fumier de ferme contient environ 5 k. 76 de chaux par 1,000 kilog.

Le choix de la chaux à employer comme engrais n'est pas sans importance. Il faut bannir la *chaux hydraulique*, qui se durcit à l'humidité du sol, aussi bien que sous l'eau. La *chaux maigre* ou siliceuse contient souvent trop de silice et foisonne peu. La *chaux grasse* qui contient en moyenne 94 p. 100 de chaux et foisonne de 2 1/2 à 3 fois son volume, est la me lleure. La *chaux magnésienne*, employée comme engrais, c'est-à-dire à petites doses, est excellente surtout pour les plantes qui, nous le verrons tout à l'heure, absorbent une certaine quantité de magnésie.

Le plâtre, d'après les expériences de M. G. Ville, serait préférable à la chaux dans la préparation des engrais chimiques. Il est certain que la chaux, même éteinte, volatiliserait trop rapidement l'azote avec lequel on la mettrait en contact dans la préparation de l'engrais complet. Le plâtre a bien le même inconvénient, quoiqu'on dise, mais à un degré moindre, et il offre le grand avantage de rendre solubles et assimilables les sels de potasse, que la terre retient et fixe en quelque sorte mécaniquement avec une grande énergie quand le sulfate de chaux n'intervient pas.

Telle est, du moins, l'opinion de M. P. Déhérain, qui a étudié avec beaucoup de soin le rôle du plâtre dans le sol arable, et ses effets sur la végétation.

V

LA MAGNÉSIE.

Bien que comme quantités la magnésie ne joue qu'un rôle secondaire dans la composition des plantes, il faut cependant la prendre en sérieuse considération, sa présence dans les végétaux s'indiquant toujours par un surcroît de rendement.

La teneur en magnésie de la plupart des sols arables et les appoints fournis par le fumier de ferme, qui en contient en moyenne 2 k. 41 gr. par 1,000 kilog., suffiraient pour les besoins de certaines plantes, telles que les betteraves, les choux, les navets et les pommes de terre, qui n'enlèvent au sol qu'une très-faible quantité de magnésie, en moyenne 0,03 p. 100 de leur poids. Mais il est des végétaux beaucoup plus avides de ce minéral, ainsi que l'indique le tableau suivant :

Quantités de magnésie enlevées par les récoltes.

		K.G.
1 hectolitre de froment enlève au sol par le grain et la paille correspondante		0.27
1 hectolitre d'avoine		0.39
—	d'orge	0.20
—	de seigle	0.24
—	de sarrazin	0.75
—	de colza	0.35
—	de maïs	0.63
100 kilogrammes de chanvre prennent par la plante entière		0.35
100 kilogrammes de lin		0.22
—	de luzerne, en vert	0.30
—	de trèfle, en vert	0.42
—	de haricots	0.45
—	de pois	0.50
—	de foin	0.44
—	de tabac	1.48
—	de houblon	0.56
—	de plant de vigne	0.17

Soit que le sol ne contienne que des traces de magnésie, soit que le fumier de ferme manque ou n'ait pas réimporté en quantités égales la magnésie extraite par les récoltes, l'apport de cette substance est donc indispensable. L'analyse de la plupart des engrais de commerce n'ayant pas porté sur la magnésie, nous ne pouvons dire quelle est à cet égard la valeur de tel ou tel produit, sauf en ce qui concerne les sels potassiques de Stassfurt, qui contiennent 15 p. 100 de sulfate de magnésie. Le sel, dit sulfate double de potasse et de magnésie renferme même jusqu'à 25 p. 100.

Le soufre, comme la magnésie, exerce une influence très-sensible sur plusieurs espèces de végétaux. Le soufre n'assainit pas seulement la vigne, il la fertilise : le fait est constant.

Les recherches persévérantes de la science ne tarderont pas à nous éclairer sur les effets de cette substance.

Nous ne parlerons pas des autres matières minérales qui concourent à la formation des végétaux et qui sont : la *silice*, l'*alumine*, le *chlore*, le *manganèse* et le *fer*. Ces matières existent généralement dans le sol en proportions suffisantes pour les besoins des plantes, et certaines d'entre elles demanderaient aussi, pour être bien connues comme agents de fertilité, des données théoriques et pratiques qui font encore défaut.

Les temps où Bernard Palissy et Franklin préconisaient, le premier le chaulage et le second l'emploi du plâtre, sont déjà loin. La Science est parvenue à nous ouvrir quelques feuillets des plus importants du grand livre de la nature. C'est déjà beaucoup que de savoir, en toute certitude, que par l'introduction raisonnée, dans le sol arable, d'une certaine quantité d'azote, d'acide phosphorique, de potasse et de chaux, le cultivateur peut obtenir des rendements élevés et rémunérateurs, sans jamais épuiser la terre.

VI

LES ENGRAIS ANALYSEURS.

Pour savoir si le sol est pourvu ou s'il manque des quantités *d'azote, d'acide phosphorique, de potasse* et *de chaux* nécessaires à chaque sorte de récolte, le cultivateur doit s'en référer à l'analyse du chimiste ou au jugement des plantes.

Le chimiste n'est pas infaillible, et d'ailleurs il opère sur des quantités tellement réduites que le résultat de son analyse, exact pour la *pincée* de terre traitée, peut très-bien être en contradiction avec la teneur générale du sol, quelque soin qu'on ait pris pour concentrer dans un échantillon de terre les qualités et les défauts divers de cette terre. Tous les secrets de la nature ne sont pas encore aux mains de l'homme, et là où le chimiste constate, par exemple, l'absence de tout alcali, les plantes, de par la puissance infinie et mystérieuse des lois de la création, trouvent au contraire et puisent à leur profit des quantités notables de potasse.

Aujourd'hui encore la science est à la recherche de moyens efficaces et praticables industriellement, pour extraire des roches feldspathiques la potasse engagée dans leurs aggrégations, et la fournir aux végétaux à l'état assimilable, tandis que les plantes savent, depuis la création, extraire de ces mêmes roches l'élément alcalin. Elles s'appliquent à ce travail d'absorption avec une telle énergie que leurs radicules burinent sur les roches, en lignes hiéroglyphiques, les traces de leur passage.

Le jugement des plantes a donc un cachet de vérité et de certitude absolue qu'on ne peut exiger de l'analyse chimique.

M. Georges Ville a créé une méthode très-simple, très-économique et très-séduisante par sa logique même, pour la constatation, à l'aide des plantes, de l'existence ou de l'absence dans tout sol cultivé des substances que le savant professeur appelle les quatre termes de la production des végétaux utiles, à savoir : l'*azote*, l'*acide phosphorique*, la *potasse* et la *chaux*.

Voici sa méthode, déjà pratiquée avec succès :

On choisit, sur la pièce de terre que l'on veut analyser, la partie qui représente le mieux sa composition moyenne, et l'on y prépare six carrés d'un are chacun, séparés par de petits sentiers d'un mètre.

Après les avoir convenablement labourés, on répand à la surface de chacun des cinq premiers carrés un engrais différent, soit cinq espèces d'engrais qui sont :

Le n° 1 : l'engrais dit complet (azote, potasse, acide phosphorique à l'état de phosphate acide de chaux, et chaux à l'état de chaux fusée ou mieux encore de sulfate de chaux);

Le n° 2 : L'engrais sans minéraux (azote seul):

Le n° 3 : l'engrais sans azote (minéraux seuls : phosphate, potasse et chaux):

Le n° 4 : L'engrais sans potasse (azote, phosphate et chaux);

Le n° 5 : l'engrais sans phosphate (azote, potasse et chaux).

Aussitôt l'engrais répandu, on le mélange avec la couche superficielle au moyen d'un râteau. On laisse le sixième carré sans engrais, et l'on sème les six carrés en froment. Ce petit champ d'expérience ne reçoit ensuite aucun autre soin que celui donné aux autres pièces de froment.

A la récolte, on bat à part le produit de chaque carré; on pèse avec la plus grande attention la paille et le grain obtenus et l'on mesure, en outre, le grain.

La comparaison des produits des carrés n° 1 et 6 (engrais complet, — sans engrais) fait connaître la plus-value que l'emploi de l'azote, du superphosphate de chaux, de la potasse et de la chaux peut donner à la récolte, et la comparaison du produit du n° 1 avec le produit de chacun des carrés n°s 2, 3 et 4 indique les besoins spéciaux de la terre.

Si, par exemple, le n° 2 (sans minéraux, azote seul) est très-inférieur au n° 1, cela prouve que la terre manque de minéraux (acide phosphorique, potasse et chaux), si, au contraire, il y a équivalence dans les rendements, c'est la preuve que la terre est suffisamment pourvue de ces éléments.

Si le numéro 3 est inférieur au numéro 1, c'est que le sol manque d'azote. Si c'est le numéro 4, le sol manque de potasse ; si c'est le numéro 5, le sol manque d'acide phosphorique. Au contraire, un bon rendement dans l'un ou l'autre de ces carrés prouve que la terre est suffisamment pourvue de l'élément qui fait défaut dans la composition de l'engrais appliqué au carré.

Cette méthode si rationnelle que M. G. Ville a créée pour l'emploi des engrais chimiques qu'il recommande, avec tant de raison, à l'agriculture, peut servir à l'application de tout autre mode de fumure. C'est une base générale sur laquelle le cultivateur peut s'appuyer pour choisir et doser l'espèce et la quantité de toute matière fertilisante qu'il destine à l'entretien de la terre.

Eclairé d'une part, grâce aux cinq engrais analyseurs, sur ce que sa terre possède ou ne possède pas, et connaissant d'autre part, ainsi que l'indiquent nos calculs déjà publiés, ce que chaque espèce de récolte enlève et réclame d'azote, d'acide phosphorique, de potasse et de chaux, le cultivateur n'a plus qu'à connaître la teneur de l'engrais qu'il veut employer, pour savoir si cet engrais convient à la sole nouvelle ; dans quelle proportion il doit l'employer, et s'il n'est pas nécessaire de lui adjoindre un complément d'azote, de potasse, d'acide phosphorique ou de chaux.

Exemple : L'infériorité du rendement du

n° 4 comparé à celui du carré n° 1 a prouvé que le sol manquait de potasse. Si l'engrais que le cultivateur destine à sa betterave est du fumier, il devra y ajouter de la potasse, et de préférence, du nitrate de potasse qui, tout en complétant le fumier par l'adjonction de l'élément alcalin, lui fournira en même temps un surcroît d'azote utile pour la prompte levée de la plante.

Pour une plante dérobée, le navet par exemple, venant après le blé, le cultivateur devra, si l'infériorité du carré n° 5 a révélé le manque d'acide phosphorique, servir à sa terre un complément de superphosphate de chaux.

Il suffit de méditer soi-même l'économie de la méthode pour résoudre immédiatement, avec nos données précédentes, la question que la nature de chaque plante peut faire naître.

Sans doute il n'y a rien d'absolu dans ceci, mais la règle n'en est pas moins bonne et très-souvent applicable, et l'on doit s'estimer heureux de pouvoir déjà raisonner ses fumures, au lieu d'opérer, par tâtonnements et par voie d'imitation, la plus désastreuse de toutes les voies; car l'engrais qui a réussi chez le voisin peut très-bien être inutile chez soi-même.

En multipliant les carrés on pourrait même agrandir le cercle de l'analyse et l'étendre à la magnésie et au soufre. Ainsi le carré n° 1 étant pourvu d'un engrais contenant : *azote, acide phosphorique, potasse, chaux, magnésie et acide sulfurique* au lieu de 5 carrés fertilisés on en ferait 7, en donnant au n° 6 l'engrais sans magnésie et au n° 7 l'engrais sans acide sulfurique.

En somme, la méthode de l'analyse du sol par les plantes comble l'ornière de la routine : elle permet au cultivateur d'être un fabricant intelligent de céréales, de betteraves et de toutes autres plantes utiles; elle le met à même d'appliquer à chaque plante, avec discernement, la substance strictement nécessaire dans la proportion voulue, et d'éviter la dépense d'un engrais, d'une matière première que la plante ne réclame pas, dépense qui constitue une perte sèche pour la récolte de l'année, et une avance superflue de capital pour les récoltes à venir.

Cette analyse ne coûte guère plus que l'analyse chimique, puisqu'une caisse contenant les cinq engrais analyseurs fabriqués par MM. Huvelle et Couvreur ne coûte que vingt francs.

Il y a sans doute dans un même domaine des sols de nature et de composition bien différentes, mais il ne faut pas en conclure qu'il faille pour cela multiplier les analyses et installer un champ d'expérience sur chaque espèce de terre.

Un domaine cultivé depuis quinze ans et même moins, a reçu à peu près uniformément des mains de son exploitant les mêmes fumures et des doses identiques.

La superficie productive se trouve donc dans le même état de richesse ou de pauvreté, et ce que le froment dira, par ses rendements comparés dans une pièce de terre, il le répéterait sans variante sensible dans les autres champs.

Une tourbière et un défrichement ne sont

guère qu'à l'état de parcelles dans un domaine exploité. Or, pour ces terres exceptionnelles, l'analyse par les plantes serait prématurée et inconcluante.

Leur mise en valeur demande plutôt un amendement qu'un engrais, et la matière amendante, que l'on doit employer à haute dose, c'est, pour la tourbière, la chaux, et pour les défrichements l'acide phosphorique à l'état de phosphate d'os ou noir animal, et, mieux encore, à l'état de phosphate de chaux fossile pulvérisé.

TABLE ANALYTIQUE DES MATIÈRES

I

II

III

IV

V

VI

www.ingramcontent.com/pod-product-compliance
Lightning Source LLC
Chambersburg PA
CBHW061311050726
47594CB00004B/1661